Sterne

Lernt die große Familie der Sterne in den Galaxien kennen und auch den Stern, der uns am nächsten steht: die Sonne.

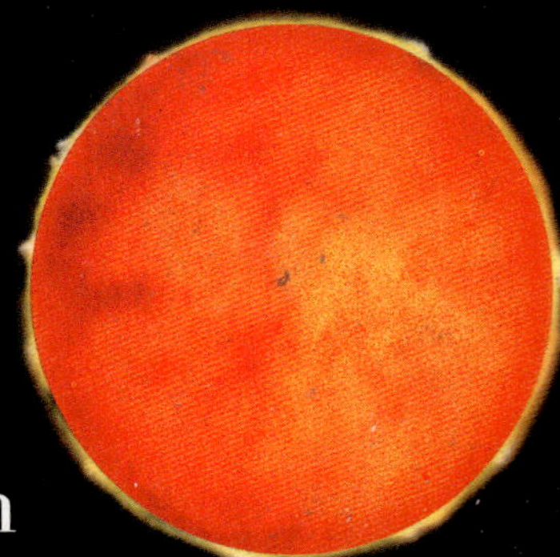

arsEdition

Was ist ein Stern?

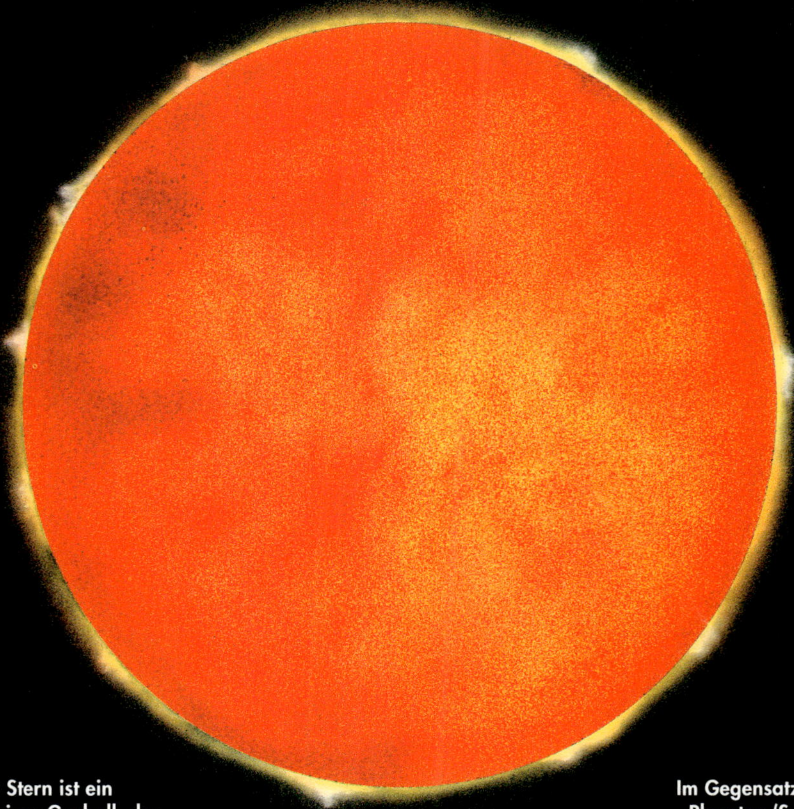

Ein Stern ist ein riesiger Gasball, der allmählich verbrennt und dabei gewaltige Energien freisetzt.

Im Gegensatz zu Planeten (S. 13) strahlen Sterne ihr eigenes Licht ab.

Die Sterne, diese winzigen Pünktchen, die nachts am Himmel funkeln, sind – genau wie unsere Sonne – riesige, sehr heiße Gaskugeln, die Licht und Wärme abstrahlen. Sie »verbrennen« dabei Wasserstoff* zu Helium*, was über Milliarden von Jahren hinweg kolossale Energiemengen freisetzt.

Unsere Vorfahren glaubten, daß alle Sterne ihren festen Platz am Firmament* hätten und daß die Erde im Mittelpunkt der Welt ruhte.

Die mit * gekennzeichneten Begriffe sind auf S. 30 erklärt.

1

Eine große Familie

Mit Sternen ist es wie mit Menschen: Im Grunde sind sie alle gleich, aber sobald man näher hinschaut, entdeckt man Unterschiede. Manche Sterne sind groß und leicht, andere klein und schwer, denn ihr Gewicht hängt nicht von ihrer Größe, sondern von ihrer Dichte* ab. Beteigeuze, ein Riesenstern im Sternbild* Orion, ist 700mal größer als die Sonne. Manche Zwergsterne dagegen haben nur 20 bis 30 km Durchmesser. Sehr heiße Sterne strahlen ein blaues Licht ab. Weiß leuchtende Sterne sind heißer als die gelb oder rötlich leuchtenden Sterne.

(1) Sonne

Die Farbe der Sterne hängt – wie beim Glühdraht von Glühbirnen – von ihrer Oberflächentemperatur ab.

Unsere Sonne (links) ist nur ein Stern unter vielen. Sie ist von mittlerer Größe und leuchtet gelb.

Auf der Oberfläche roter Sterne herrscht eine Temperatur von circa 4 000 °C.

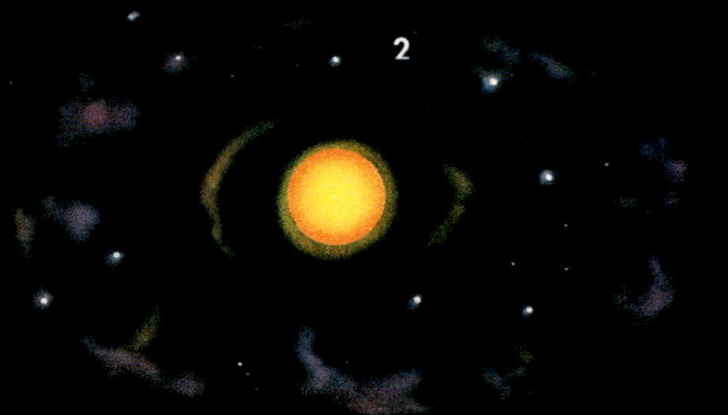

Das Leben eines Sterns

Leben bedeutet für einen Stern, seinen Wasserstoff in Helium zu verwandeln. Wenn seine Wasserstoff-Reserven erschöpft sind, erlischt der Stern mehr oder weniger heftig. Doch merkwürdigerweise »altert« ein Stern umso schneller, je größer er ist, denn ein Riesenstern verbraucht seine Reserven rascher.

1. Wenn sich eine Gaswolke zusammenzieht, entsteht ein Stern.

2. Das Gas verdichtet sich hauptsächlich im Zentrum der Wolke, und ein Protostern* entsteht.

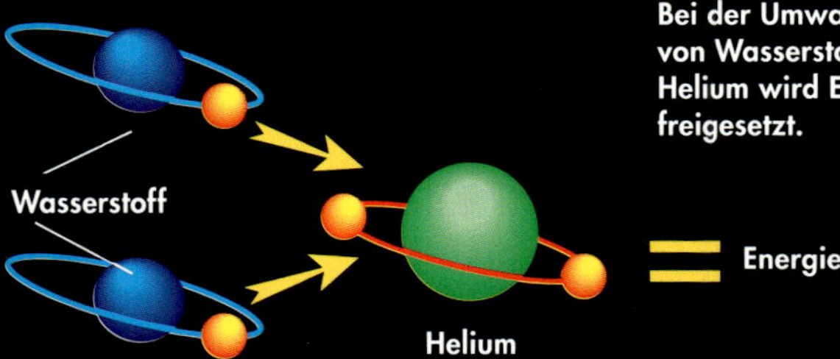

Bei der Umwandlung von Wasserstoff in Helium wird Energie freigesetzt.

Das Helium verwandelt sich zuerst in Kohlenstoff*, dann in noch schwerere Elemente.

Sterne entstehen häufig gruppenweise innerhalb riesiger Gaswolken. Das hat man hier im Sternbild Orion entdeckt.

3

3. Der Rest der Gaswolke bildet Ringe um den sich zusammenziehenden Protostern.

Hier können die Astronomen sehr junge und auch gerade entstehende Sterne beobachten.

4

4. Der Stern hat sich gebildet, und die Ringe, die ihn umgeben haben, sind zu Planeten geworden (S. 13).

Eine solche »Sternengeburt« geht recht unauffällig vonstatten.

5

5. Bevor er erlischt, wird der Stern zu einem Roten Riesen, dann zu einem Weißen Zwerg.

Unsere Sonne ist ein Stern

Mit ihrem Durchmesser von eineinhalb Millionen Kilometern ist die Sonne ein Stern mittlerer Größe. Sie erscheint uns nur deshalb

größer als die anderen Sterne, weil sie sehr viel näher bei uns ist. Auf ihrer Oberfläche herrscht eine Temperatur von etwa 6 000 °C

(Grad Celsius), in ihrem Inneren sind es 15 Millionen °C. Dort entsteht die Energie, die die Sonne leuchten läßt. Sämtliches Leben

auf der Erde verdanken wir der Wärme und dem Licht der Sonne.

In ihrem Kern (1) produziert die Sonne Energie. Diese Energie steigt langsam an die Oberfläche, in Form von Strahlung (2) und Strömung (3). An der Oberfläche der Sonne angelangt, erreicht die Sonnenenergie in acht Minuten die Erde.

Manchmal tauchen auf der Oberfläche der Sonne dunkle Flecken (4) auf (siehe dazu auch S. 11).

Die Oberfläche der Sonne erscheint körnig wie eine Orangenschale (5).

Die Sonne ist von einem Strahlenkranz, der Korona*, umgeben, die man bei einer totalen Sonnenfinsternis sehen kann.

Die äußere Schicht der Sonne und die Sonneneruptionen sind nur in speziellen Fernrohren sichtbar. Ohne spezielle Filter darf man auch mit einem gewöhnlichen Fernglas niemals direkt in die Sonne schauen, denn dadurch kann man erblinden.

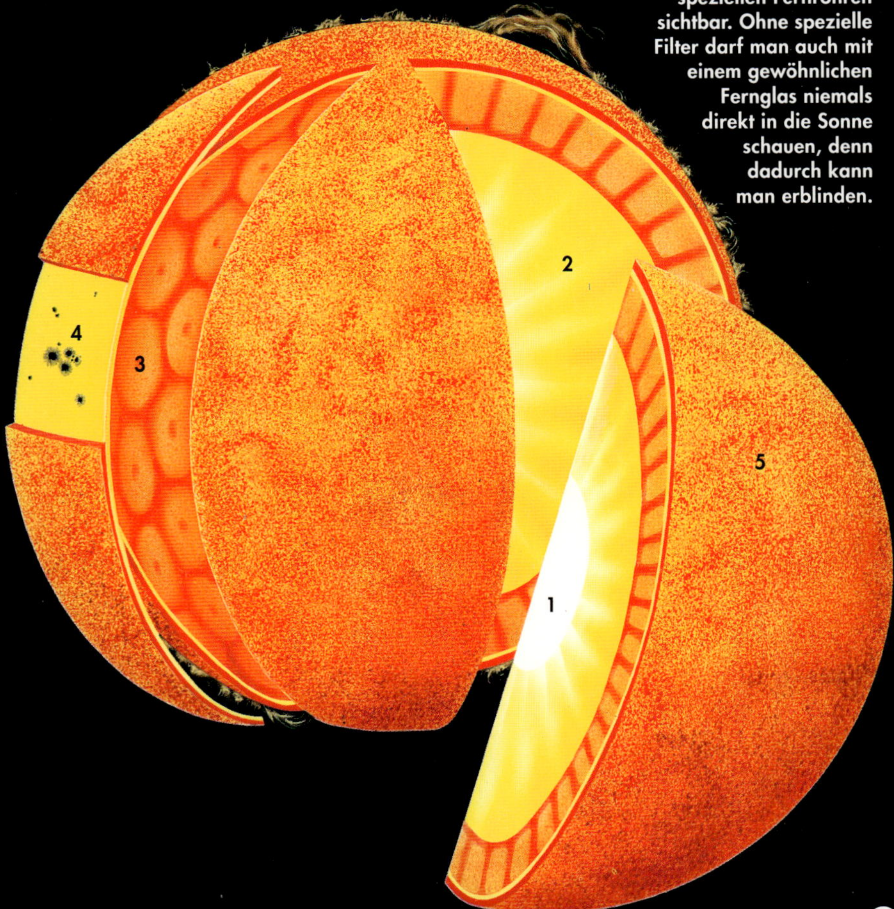

Die Sonne in Aktion

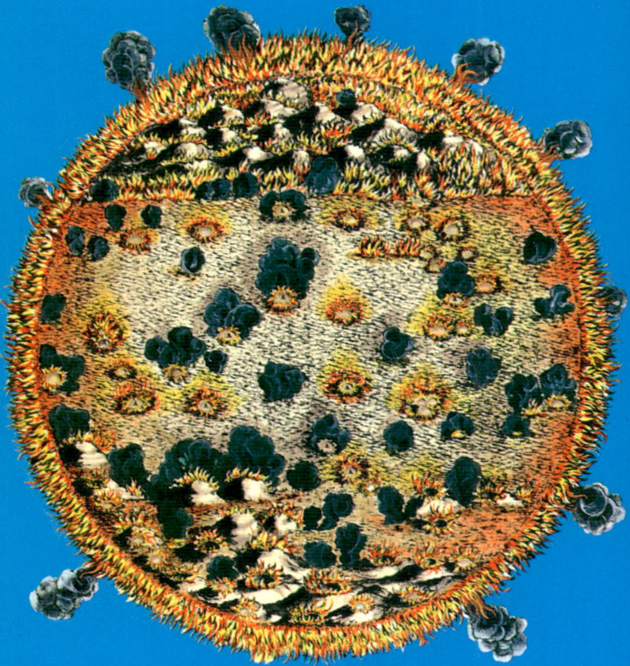

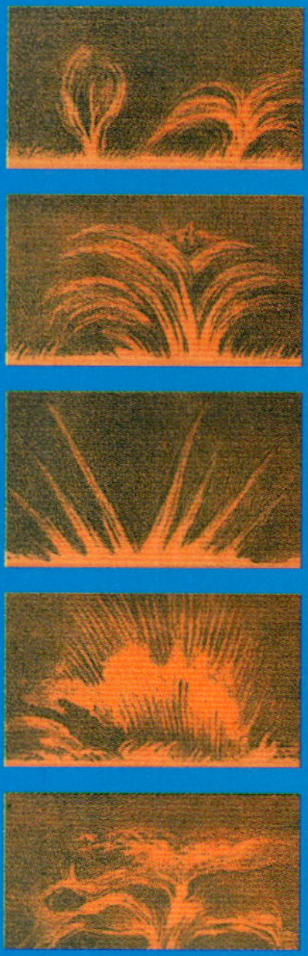

Diese Sonneneruption* wurde im 19. Jahrhundert von einem Astronomen beobachtet und gezeichnet.

Im 17. Jahrhundert glaubte man, die Sonne sei mit Flammen übersät und von Rauchwolken umgeben. Aber man begriff bereits, daß sie ein sehr aktiver Himmelskörper ist, auf dem immer wieder Flecken zu sehen sind.

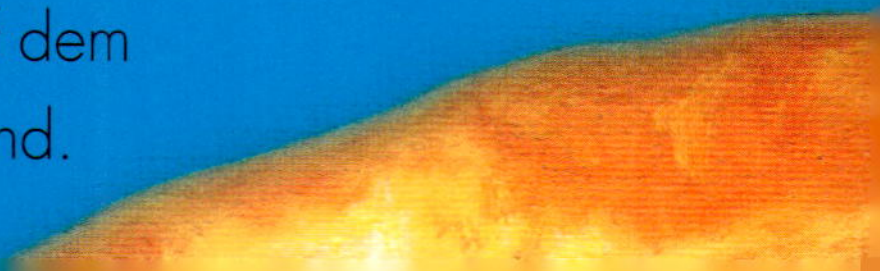

Wie alle Sterne führt auch unsere Sonne ein recht aktives Leben: Dunkle Flecken – Sonnenflecken (S. 8) –, die kühler sind als ihre Umgebung, tauchen auf und verschwinden wieder; es kommt zu gewaltigen, explosionsartigen Entladungen der Sonnenoberfläche.

Bei einem Gasausbruch am Sonnenrand (Protuberanz) sieht man, wie das Gas Hunderttausende von Kilometern in die Höhe schießt und dann langsam wieder auf die Oberfläche zurücksinkt.

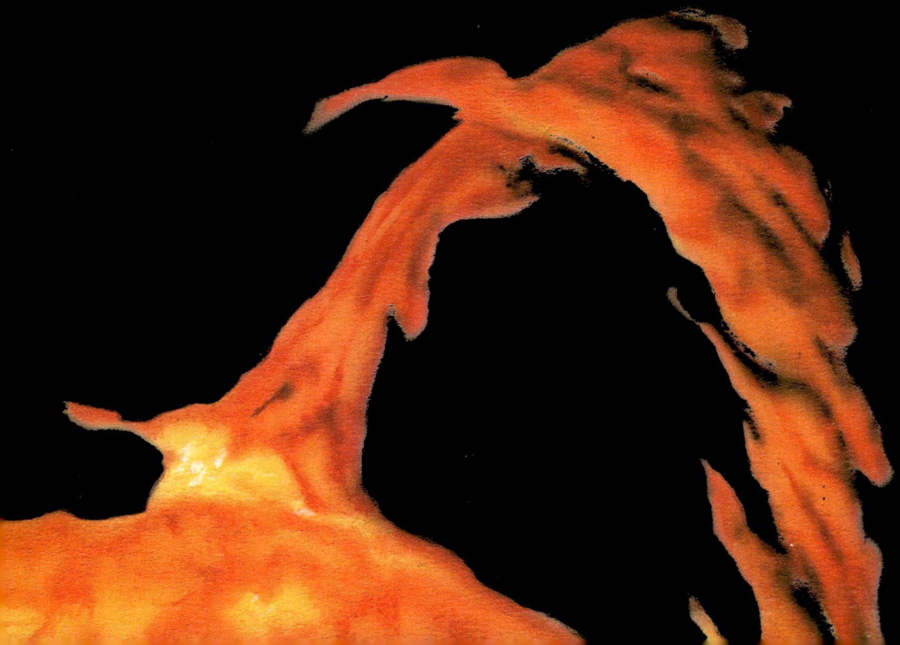

Die Gefolgschaft der Planeten

Ein Stern kann das Zentrum mehrerer Himmelskörper sein, die ihn umkreisen, genau wie in unserem Sonnensystem. Neun Planeten, darunter die Erde, umkreisen die Sonne, und einige von ihnen haben einen oder mehrere Monde. Um die Sonne kreisen auch Meteoriten*, die in

Früher glaubte man, daß sich die Sonne um die Erde drehe, doch Nikolaus Kopernikus bewies 1543 das Gegenteil.

seltenen Fällen auf der Erde aufschlagen, sowie Kometen* und – zwischen den Bahnen von Mars und Jupiter – Planetoiden, bei denen es sich vielleicht um Bruchstücke eines explodierten Planeten oder um die Bausteine eines Planeten handelt, der nie fertiggeworden ist.

Die Umlaufbahn des Merkur ist der Sonne am nächsten. Dann folgen Venus, Erde, Mars, Jupiter, Saturn, Uranus, Neptun und Pluto. Ob sich jenseits von Pluto weitere Planeten befinden, wissen wir noch nicht.

Veränderliche Sterne

Unsere Sonne scheint seit Milliarden von Jahren mit gleicher Kraft, aber es gibt auch Sterne, deren Leuchtkraft sich im Laufe der Zeit periodisch ändert. Mira Ceti im Sternbild des Walfisches wurde im 17. Jahrhundert berühmt, als ein gewisser Fabricius entdeckte, daß dieser Stern veränderlich ist. Es handelt sich um einen Roten Riesen, dessen Helligkeit sich alle elf Monate verändert. Einmal strahlt er hell, dann wieder ist er mit bloßem Auge nicht sichtbar.

Henrietta Leavitt (1868-1921) beschäftigte sich intensiv mit Veränderlichen Sternen.

Veränderliche Sterne sind sehr interessant für Astronomen. Besonders jener Typ, den man im Sternbild Cepheus entdeckte: die Cepheiden. Je langsamer sie pulsieren*, desto größer ist ihre Leuchtkraft. Durch den Vergleich zwischen ihrer Leuchtkraft (tatsächliche Helligkeit) und ihrer von der Erde aus gemessenen Helligkeit kann man ausrechnen, wie weit sie von uns entfernt sind.

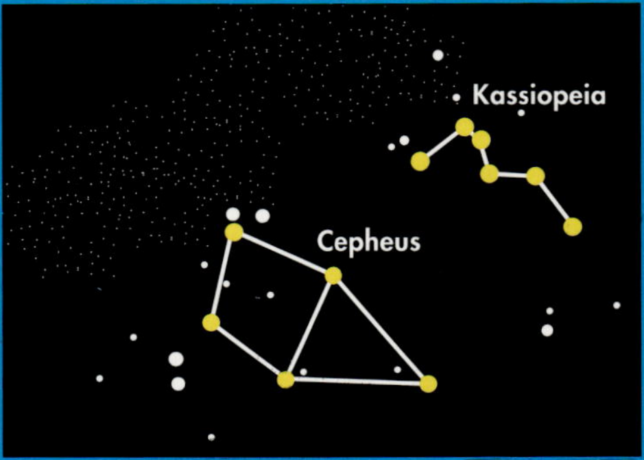

Doppelsterne

Am Himmel kann man Sterne entdecken, die sehr nah beieinander zu stehen scheinen. Das liegt an der Perspektive. In Wirklichkeit sind sie sehr weit voneinander entfernt. Manchmal jedoch leben zwei Sterne zusammen, d. h. sie drehen sich um eine gemeinsame Achse. Diese Sternenpaare nennt man Doppelsterne.

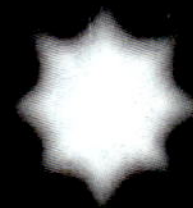

Im 17. Jahrhundert entdeckte Isaac Newton (rechts) die universellen Gesetze der Schwerkraft, der auch die Sterne unterliegen.

Dieser Beobachter sieht die beiden Sterne nebeneinander, obwohl sie in Wirklichkeit sehr weit voneinander entfernt sind.

Newton hat auch das nach ihm benannte Spiegelteleskop* erfunden.

Für die Astronomen sind echte Doppelsterne ein wahrer Glücksfall. Wenn sie die Umlaufbahn des einen in Beziehung zum anderen beobachten, können sie dank der Gesetze der Schwerkraft* auch ihre Massen errechnen!

Doppelsterne sind keine Seltenheit. Fast jeder zweite Stern hat einen oder zwei Gefährten. Es gibt auch kleine Ansammlungen von Hunderten von Sternen.

Alkor und Mizar werden auch Reiter und Pferd genannt.

Mizar und sein Gefährte Alkor im Großen Wagen gehören zu den seltenen Doppelsternen, die man auch mit bloßem Auge sehen kann.

Entfernungen

Die Sterne sind so weit von uns entfernt, daß es umständlich ist, ihre Entfernung in Kilometern anzugeben. Man rechnet in Lichtjahren. Ein Lichtjahr ist die Strecke, die das Licht in einem Jahr zurücklegt – knapp 10000 Milliarden km. Vom Mond zur Erde braucht das Licht nur gut eine Sekunde. Vom nächstgelegenen Stern bis zu uns braucht es vier Jahre: Dieser Stern ist folglich 40000 Milliarden km von uns entfernt. Und von der großen Galaxie (S. 20) im Sternbild Andromeda braucht das Licht zweieinhalb Millionen Jahre bis zur Erde.

Die Größe und die Abstände von Himmelskörpern gibt man oft in Winkelgrößen an. Bei ausgestrecktem Arm bedeutet der Daumen 2 Grad, eine Faust 10 Grad und eine geöffnete Hand 20 Grad.

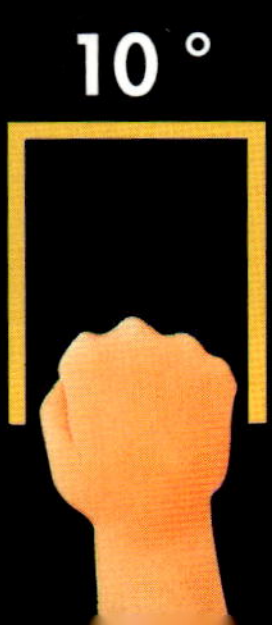

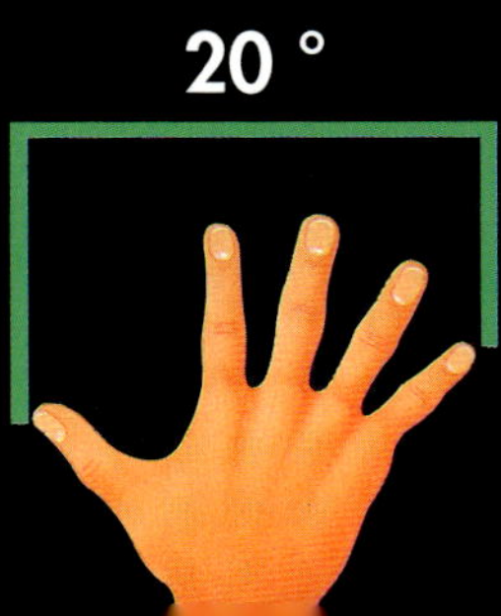

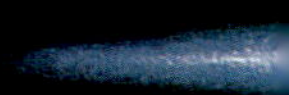

Die Milchstraße, unsere Galaxis, umfaßt 100 Milliarden Sterne. Sie hat die Form eines Rades mit einem Durchmesser von 100 000 Lichtjahren.

Unsere Galaxie, die Milchstraße

30 000 Lichtjahre

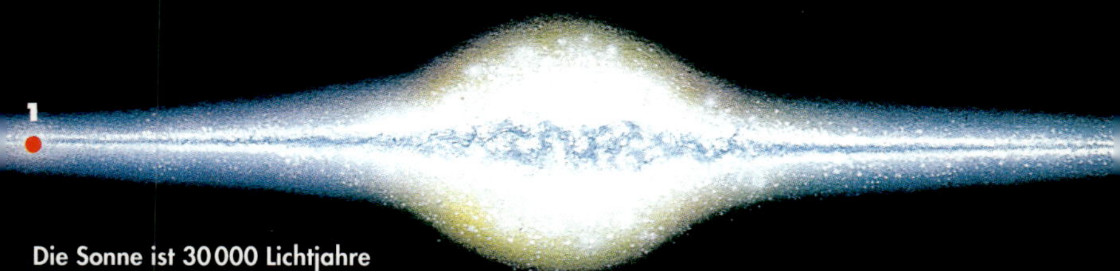

Die Sonne ist 30 000 Lichtjahre vom Zentrum unserer Galaxie entfernt.

(1) Sonne

Galaktische Nebel und Galaxien

Zwischen den Sternen, die als leuchtende Pünktchen am Himmel zu sehen sind, gibt es Ansammlungen mit verschwommenen Umrissen, die leuchten, wenn ein anderer Stern sie anstrahlt. Es handelt sich um galaktische Nebel. Dank moderner Teleskope wissen wir heute, daß es riesige Wolken aus Gas und Staub sind. Eine Galaxie hingegen ist eine Ansammlung von Milliarden Sternen. Unsere Galaxis, die Milchstraße, bildet eine Spirale, die im Inneren dichter ist als am Rand. Doch Galaxien können auch andere Formen haben.

Die Spiralarme dieser Galaxie ragen in den Weltraum.

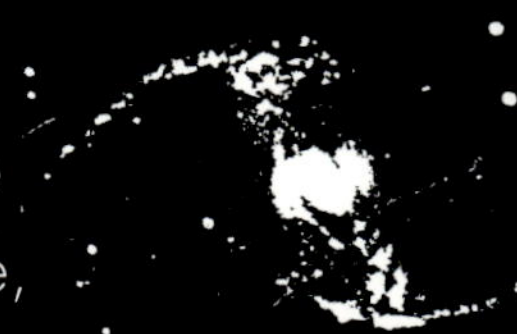

Die Arme dieser Galaxie sind mit einem Balken miteinander verbunden: Man spricht von einer Balkengalaxie.

Mit einem 13 m langen Teleskop erforschte Lord Rosse im 19. Jahrhundert die galaktischen Nebel.

Diese elliptische Galaxie ist ein riesiger Kugelsternhaufen.

Der wunderschöne Trifidnebel im Sternbild Schütze

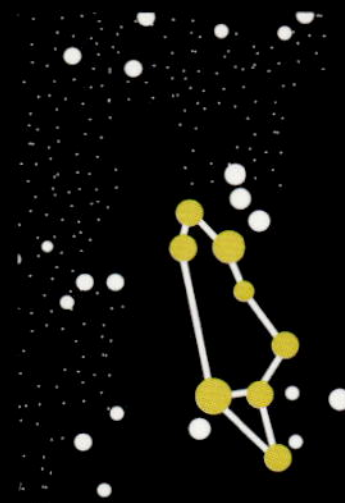

Das Sternbild des Schützen

Der Trifidnebel (links) ist eine enorme Ansammlung von Gas und Staub.

Der Trifidnebel ist 3000 Lichtjahre von uns entfernt und wird von sehr hellen Nachbarsternen beleuchtet.

Ein Pulsar (links) blinkt und macht dabei pro Sekunde zwei Umdrehungen um sich selbst.

Tod eines Sterns

Die mittelgroßen Sterne beschließen ihr Leben als Weiße Zwerge (S. 7), die großen Sterne explodieren: Sie werden zu Neutronensternen, winzigen Sternen, die so kompakt und dicht sind, daß ein Teelöffel ihrer Materie Millionen von Tonnen wiegen würde. Während er sich wie ein Kreisel um sich selbst dreht, gibt er als Pulsar in regelmäßigen Abständen Leuchtsignale ab, ähnlich wie ein Leuchtturm.

Schwarze Löcher sind unsichtbar. Nichts kann ihnen entkommen, und sie saugen alle in ihrer Nähe befindliche Materie an (rechts). Die Astronomen hoffen, diesen Ansaugprozeß eines Tages beobachten zu können.

Mit diesem Radioteleskop* in Puerto Rico fängt man die Signale von Pulsaren auf.

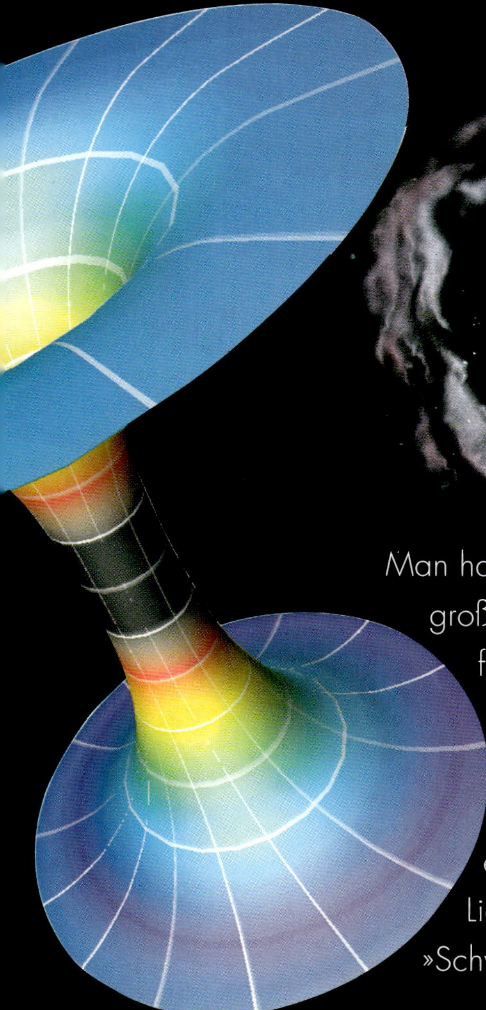

Ein Roter Riese stößt einen Teil seiner Gashülle ab, und zurück bleibt ein kompakter Weißer Zwerg.

Man hat versucht, den Tod von sehr großen Sternen zu erklären: Sie fallen zusammen und werden zu Schwarzen Löchern. Auf grund ihrer enormen Anzie hungskraft kann ihnen nichts entkommen, nicht einmal Licht. Deshalb werden sie als »Schwarze« Löcher bezeichnet.

Ausdehnung?

Alles im Universum ist in ständiger Bewegung, alles verändert sich fortwährend. Millionen

von Sternen entstehen, existieren und vergehen wieder. Riesige Sternensysteme nähern sich, andere treiben auseinander. Galaxien ändern ihre Form und tauschen Materie zwischen sich aus.

Die Astronomen sind der Ansicht, daß die Expansion* des Universums vor fünfzehn Milliarden Jahren mit dem Urknall* begann. Wird sie ewig dauern? Oder schwingt das Universum seit jeher zwischen zwei extremen Größen hin und her?

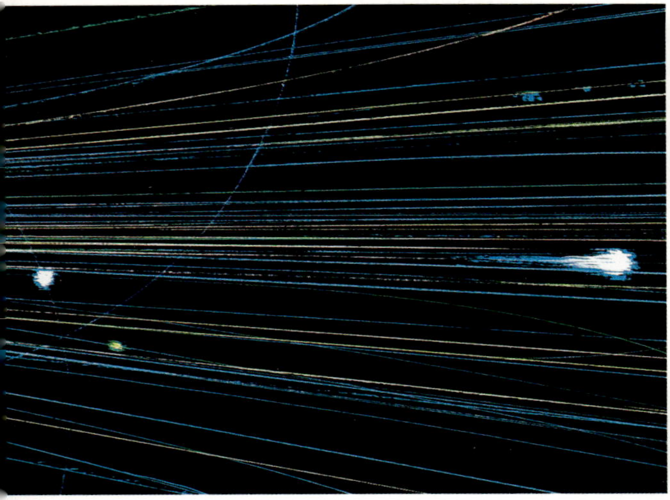

Das gesamte Universum scheint sich auszudehnen. Um 1915 entdeckte der Astronom Melvin Slipher, daß alle Galaxien sich von der unseren entfernen. 1928 stellte ein anderer Astronom, Edwin Hubble, zu seinem großen Erstaunen fest, daß sich weiter entfernte Galaxien schneller von uns entfernen. Es scheint, als säßen wir auf einem riesigen Ballon, der ständig weiter aufgeblasen wird ...

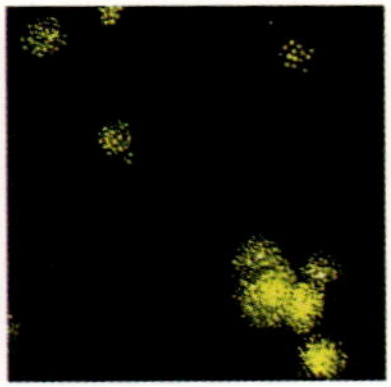

500 000 Jahre nach dem Urknall bilden sich Nebel aus Wasserstoff und Helium.

Das Innere dieser Nebel verdichtet sich und wird immer heißer.

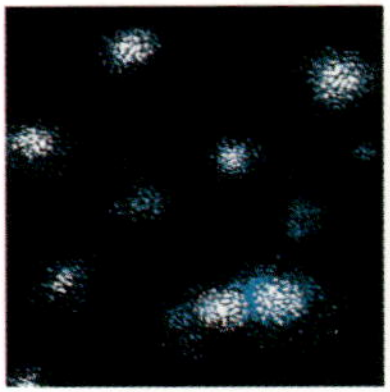

Die ersten Sterne entwickeln sich.

Leuchtende Symbole

»Ich sehe oft um Mitternacht,
wenn ich mein Werk getan
und niemand mehr im Hause wacht,
die Stern am Himmel an.

Sie gehn da, hin und her zerstreut,
als Lämmer auf der Flur;
in Rudeln und auch aufgereiht
wie Perlen an der Schnur;

und funkeln alle
weit und breit
und funkeln rein
und schön;
ich seh die große
Herrlichkeit
und kann nicht satt
mich sehn …«
Matthias Claudius,
Die Sterne

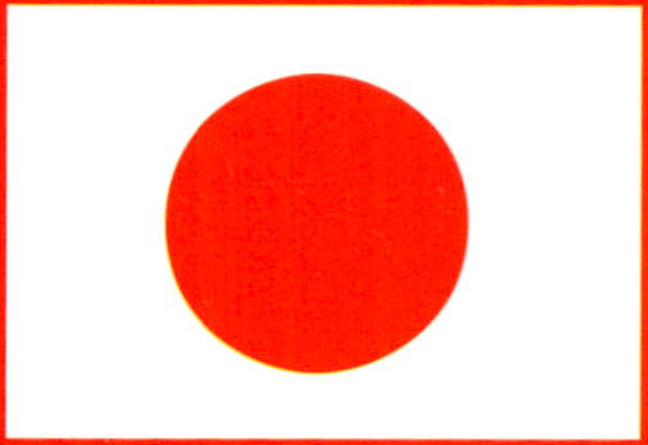

Auf der Flagge Japans, des Landes der aufgehenden Sonne, erstrahlt die Sonne.

Sterne symbolisieren auch Filmstars.

Edgar Degas hat mit Vorliebe Primaballerinen gemalt (links), die im Französischen »Sterntänzerinnen« heißen.

Das Kreuz des Südens schmückt die Flagge Australiens. Dieses wunderschöne Sternbild ist auf der südlichen Halbkugel * sichtbar.

Für manche Menschen sind die Sterne winzige Öffnungen, durch die man das Himmelsfeuer sehen kann; für andere sind sie vom Firmament gefaßte Diamanten. Aber seien sie nun kleine Seen, die im schwarzen Gras der Nacht funkeln, wie die Eskimos glauben, oder, nach Meinung der Astronomen, glühende Wasserstoffkugeln – die Sterne sind das Symbol des Lichts, und sie leuchten auch im Herzen der Menschen.

Jeder Stern auf der Flagge der Vereinigten Staaten stellt einen US-Bundesstaat dar.

Nördlicher Sternenhimmel

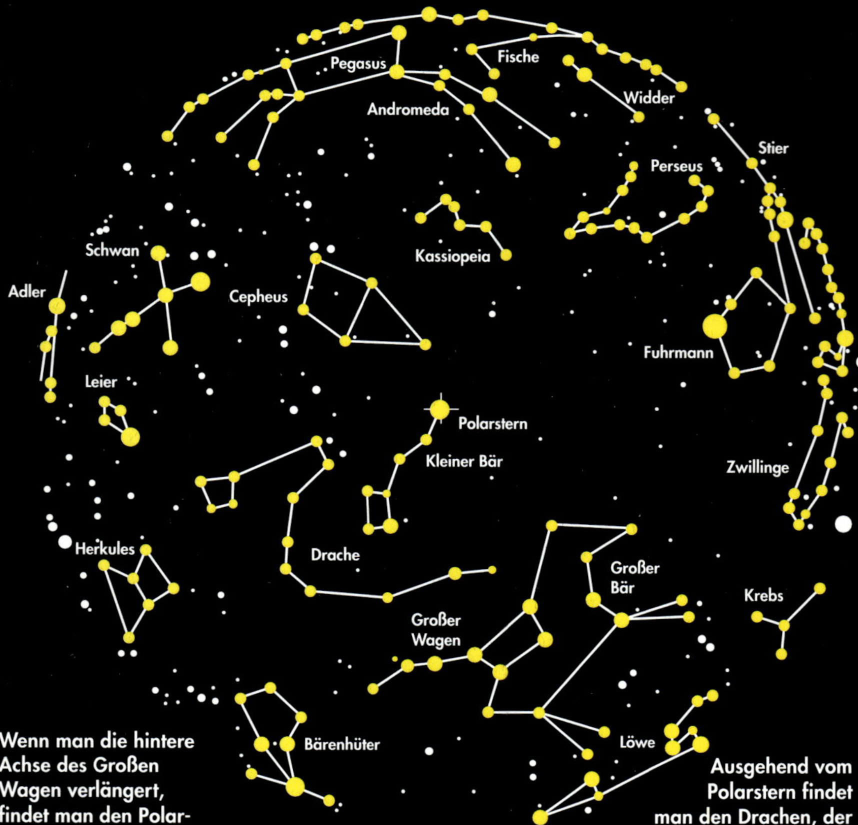

Wenn man die hintere Achse des Großen Wagen verlängert, findet man den Polarstern, um den sich der Himmel zu drehen scheint.

Ausgehend vom Polarstern findet man den Drachen, der zwischen dem Kleinen und dem Großen Bären liegt, sowie das W der Kassiopeia.

Südlicher Sternenhimmel

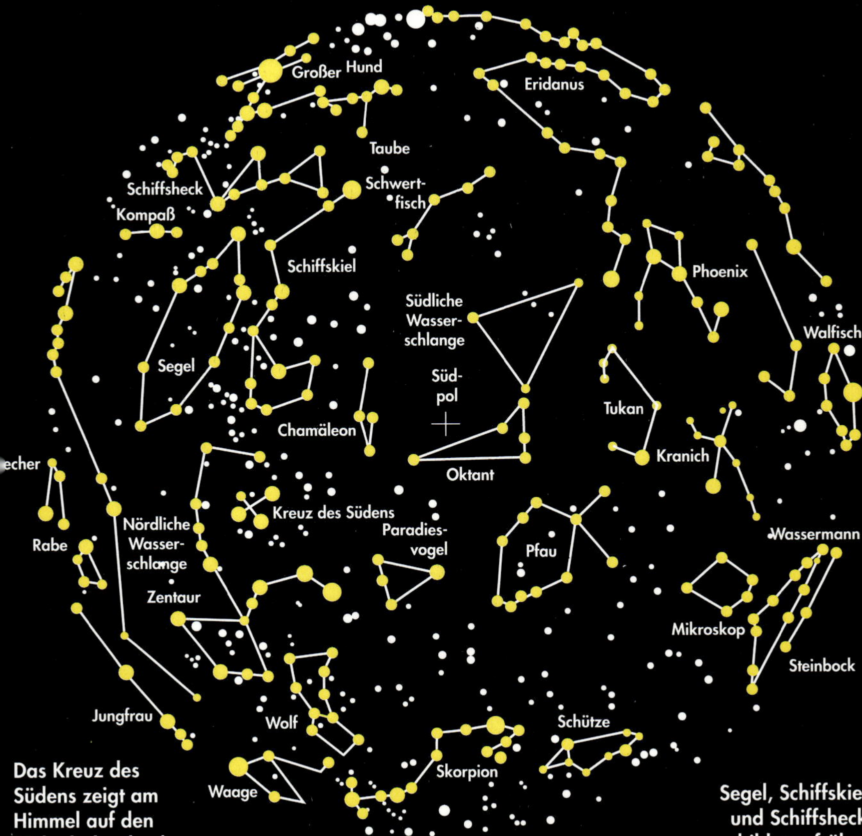

Das Kreuz des Südens zeigt am Himmel auf den Südpol, der durch keinen Stern gekennzeichnet ist.

Segel, Schiffskiel und Schiffsheck bildeten früher das Sternbild Schiff Argo.

Begriffe

Dichte:
Beziehung zwischen Masse und Volumen eines Gegenstands

Expansion des Universums:
Aufgrund dieses Phänomens bewegen sich die Galaxien voneinander weg.

Firmament:
Poetischer Ausdruck für den sternübersäten Himmel

Halbkugel:
Der Äquator teilt die Erdkugel in eine nördliche und eine südliche Halbkugel.

Helium:
Sehr leichtes Gas, das sich in kleinen Mengen auch in unserer Luft befindet

Kohlenstoff:
Element, das man auf der Erde und in allen lebenden Organismen findet

Komet:
Himmelskörper mit einem leuchtenden Schweif

Korona:
Gashülle um die Sonne

Meteoriten:
Eisen- und Gesteinsbrocken aller Größen, die auch auf der Erde aufschlagen können

Protostern:
Stern im Entstehen

Pulsieren:
Regelmäßig stattfindende Veränderung von Größe und Leuchtkraft eines Sterns

Radioteleskop:
Gerät zum Auffangen der Radiowellen, die Sterne aussenden

Schwerkraft:
Kraft, aufgrund der sich alle Dinge des Universums anziehen

Sonneneruption:
Aus der Oberfläche der Sonne schießt feuriges Gas empor.

Sonnensystem:
Unsere Sonne und ihre Planeten

Sterne des nördlichen Sternenhimmel, rechts des südlichen Sternenhimmel

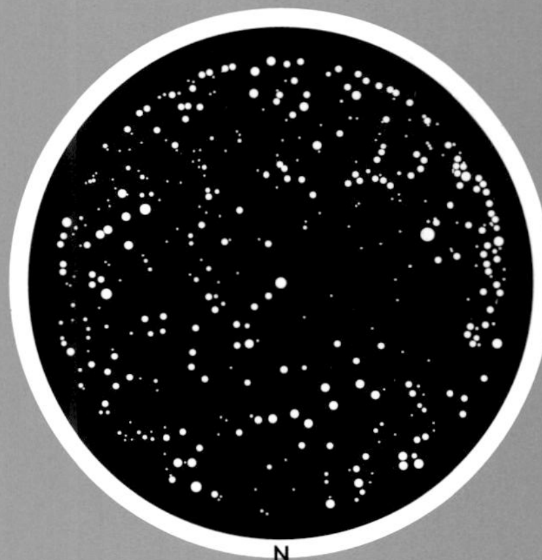

Sternbild:
Sternenkonstellation, der die Menschen einen Namen gaben

Teleskop:
Sehr starkes Fernglas mit Linsen oder Spiegeln, mit dem man sehr weit entfernte Objekte beobachten kann

Urknall:
Gewaltige Explosion vor etwa 15 Milliarden Jahren, bei der das Universum entstanden sein soll

Wasserstoff:
Das leichteste aller Gase, das im ganzen Universum vorkommt

Aufbau des Planetariums

Schraubt das Glühbirnchen auf, führt die Fassung durch die Öffnung im Boden von Teil (3), und schraubt es wieder zusammen.

Steckt die Linse in den Zwischenboden (2).
Befestigt den Zwischenboden in der Box, indem ihr die Laschen in die seitlichen Schlitze steckt (3).

Man muß nur eine Maske auf die Sternenscheibe legen, und schon kann man die bekanntesten Sternenbilder sehen. Habt ihr die Sternenscheibe N eingelegt (nördlicher Sternenhimmel), legt Maske N 10 oder N 11 darüber. Zur Sternenscheibe S (südlicher Sternenhimmel) gehören die Masken S 12 und S 13. Diese insgesamt vier Masken (N10, N 11 sowie S 12 und S 13) werden auf der folgenden Seite beschrieben.

Wenn ihr das Planetarium zusammengebaut habt, schließt die Drähte an die Pole der Batterie an.

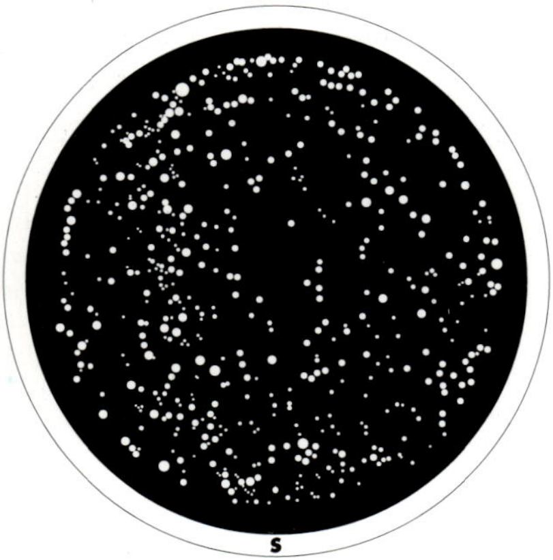

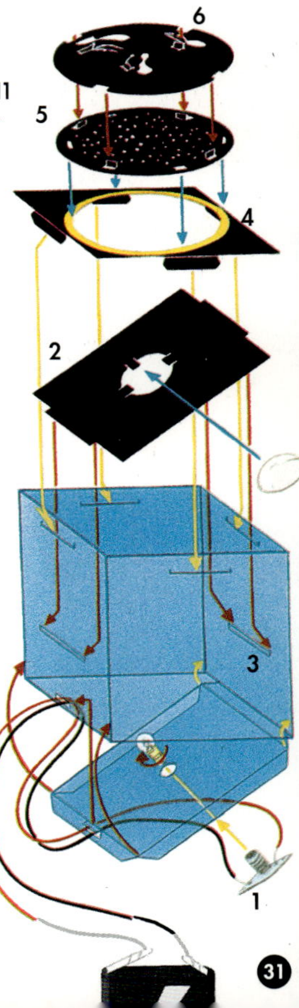

Damit die Schweißnähte nicht beschädigt werden, führt die Drähte durch die seitlichen Öffnungen der Fassung. Führt sie anschließend durch die Schlitze im Boden.

Schließt den Unterboden.
Befestigt den Deckel (4), und nehmt eine Sternenscheibe (5).
Die nördliche Halbkugel ist mit einem N gekennzeichnet, die südliche mit einem S.

Nördlicher Sternenhimmel

Auf den vier Masken (N 10 bis S 13) sind die bekanntesten Sternbilder beider Sternenhimmel genau zu erkennen.

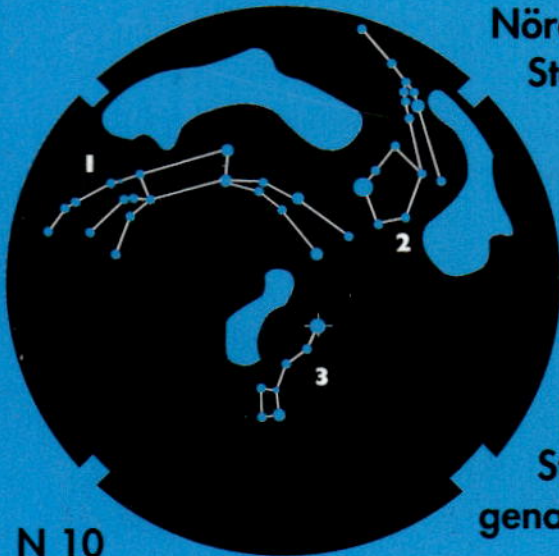

N 10

Südlicher Sternenhimmel

Legt jeweils eine der Masken auf das Planetarium. Ihr habt zwei Masken pro Sternenhimmel.

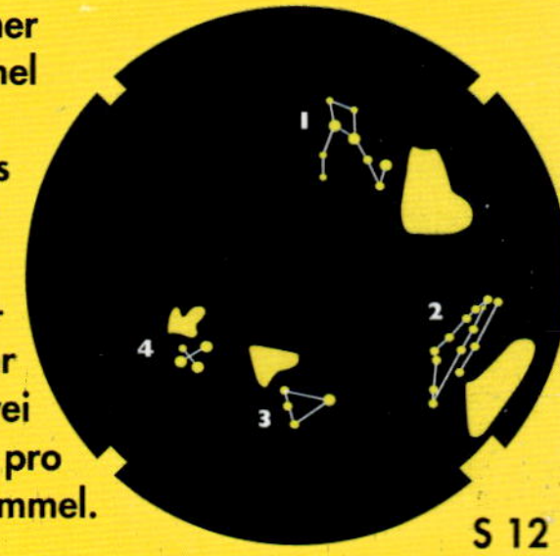

S 12

Auf Maske N 10 (siehe oben) sind die Sternbilder Pegasus (1), Stier und Fuhrmann (2) und der Kleine Bär (3) abgebildet.
Auf Maske N 11 (siehe unten) Cepheus (4), Kassiopeia (5), Zwillinge (6), der Große Wagen (7) und Drache (8).

14

Auf Maske S 12 (siehe oben) sind Phoenix (1), Wassermann und Steinbock (2), Südliches Dreieck (3) und das Kreuz des Südens (4) zu sehen; auf Maske S 13 (siehe unten) die Kleine Wasserschlange und Oktant (5), Mikroskop (6), Schütze (7) und Segel (8).

N 11

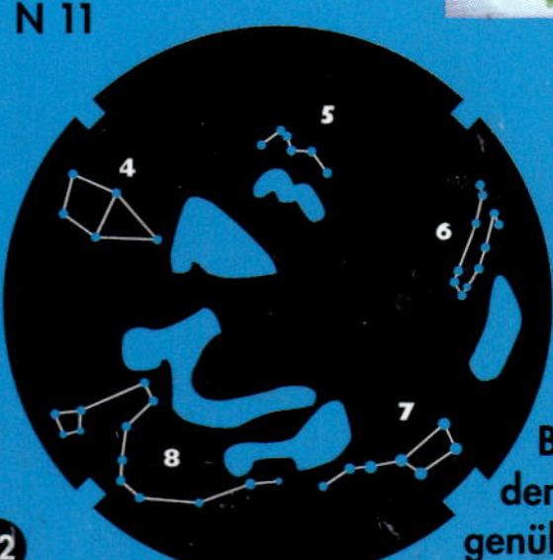

Dreht die Scheibe 14 (siehe oben), bis sich die Uhrzeit der Beobachtung dem Datum gegenüber befindet.

S 13

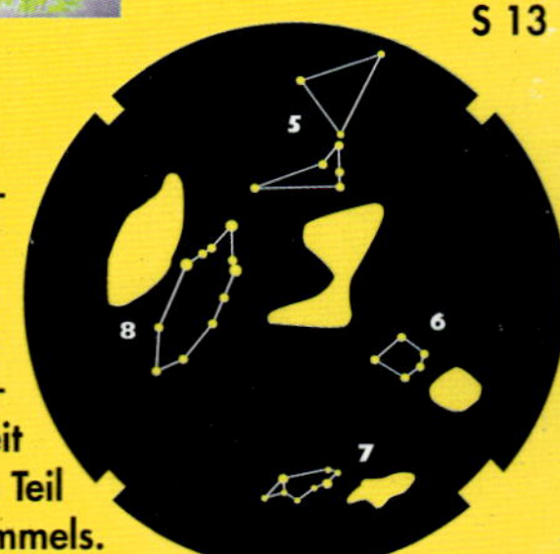

Stellt das Planetarium in Nord-Süd-Richtung auf. Dann seht ihr den zu dieser Uhrzeit sichtbaren Teil des Himmels.